Les précurseurs français de Darwin

Armand De Quatrefages

# Les précurseurs français de Darwin

Editions le Mono

# Introduction

Rappelons les faits. Lorsque par la pensée du naturaliste, Charles Darwin embrasse le passé et le présent de notre terre, il voit se dérouler un merveilleux et étrange spectacle. Sur ce globe naguère désert et livré aux seules forces physico-chimiques, la vie se manifeste et déploie rapidement une surprenante puissance. Les flores, les faunes, apparaissent tout d'abord avec les traits généraux qui caractérisent aujourd'hui encore les règnes végétal et animal et la plupart de leurs grandes divisions. Presque tous nos types fondamentaux datent des plus anciens jours ; mais chacun domine à son tour pour ainsi dire. En outre, véritables protées, ils se modifient sans cesse à travers les âges, selon les lieux et les époques, de façon qu'une infinité de types secondaires et de formes spécifiques se rattachent à chacun d'eux. On voit celles-ci se montrer parfois comme subitement en nombre immense, se maintenir pendant un temps, puis décliner et disparaître pour faire place à des formes nouvelles, laissant dans les couches terrestres superposées les fossiles, ces médailles des anciens jours qui nous en racontent l'histoire. Faunes et flores se transforment ainsi sans cesse, sans jamais se répéter, et d'extinctions en extinctions, de renouvellements en renouvellements, apparaissent enfin nos animaux et nos plantes, tout ce vaste ensemble que le botaniste et le zoologiste étudient depuis des siècles, découvrant chaque jour quelque contraste nouveau, quelque harmonie inattendue.

Voilà les faits. À eux seuls, ils témoignent de la grandeur des intelligences qui ont su les mettre hors de doute ; mais de nos jours moins que jamais l'esprit de l'homme se contente de connaître ce qui est : il veut en outre l'expliquer, et la profondeur, l'immensité même des problèmes est pour lui un attrait de plus. Or il ne peut guère en rencontrer de plus ardus qu'en s'attaquant à ce que les manifestations de la vie ont de général et pour ainsi dire de cosmogonique. D'où viennent ces myriades de formes animées qui ont peuplé, qui peuplent encore la terre, les airs et les eaux ? Comment se sont-elles succédé dans le temps ? Par quoi en a été réglée la juxtaposition dans l'espace ? À quelle cause faut-il attribuer les ressemblances radicales qui relient tous les êtres organisés et les différences profondes ou légères qui les partagent en règnes, en classes, en ordres, en familles, en genres ? Qu'est-ce au fond que l'*espèce*, ce point de départ obligé de toutes les sciences naturelles, cette unité organique à laquelle reviennent sans cesse ceux-là mêmes qui en nient la réalité ? Est-elle un fait d'origine ou la conséquence d'un enchaînement de phénomènes ? Entre des espèces voisines et se ressemblant parfois de manière à presque se confondre, y a-t-il autre chose que de simples affinités ? Existerait-il entre elles une véritable parenté physiologique ? Les espèces les plus éloignées elles-mêmes ont-elles paru isolément, ou bien remontent-elles à des ancêtres communs, et faut-il chercher jusque dans les temps géologiques, à travers de simples transformations, les premiers parents des plantes, des animaux nos contemporains ? Telles sont quelques-unes des questions que l'homme s'est posées à peu près partout et de tout temps, sous des formules variables selon le savoir de l'époque. Aujourd'hui notre science ne fait que les mieux préciser, et c'est à elles que répond le livre de M. Darwin.

# 1

Le nom de Charles Darwin, le mot de *darwinisme*, qui désigne l'ensemble de ses idées, sont aujourd'hui universellement connus, et les lecteurs n'ont pas oublié les études sur ce sujet. Je voudrais à mon tour aborder, mais à un autre point de vue, les difficiles questions soulevées par le savant anglais. Naturaliste, c'est au nom des sciences naturelles seules que je parlerai. La doctrine de Darwin a été acclamée par les uns, anathématisée par d'autres ; toute une littérature spéciale reproduit et répète ces deux appréciations opposées. Or au milieu de ces tempêtes on a méconnu trop souvent, tantôt dans un sens, tantôt dans l'autre, la signification et la portée réelle des idées de l'auteur ; amis et adversaires les ont parfois défigurées ou en ont fait découler des conséquences inexactes. Montrer au juste ce qu'elles sont, faire ressortir ce qu'elles renferment de vrai, mais aussi ce qu'elles ont d'inacceptable, examiner quelques-unes des déductions qu'on a cru pouvoir en tirer, tel est le but de ce travail.

La doctrine de Darwin se résume en une notion simple et claire qu'on peut formuler ainsi : toutes les espèces animales ou végétales passées et actuelles descendent par voie de transformations successives de trois ou quatre types originels et probablement même d'un archétype primitif unique. Réduit à ces termes, le darwinisme n'a rien de bien nouveau. Si la majorité des partisans de cette doctrine partage plus ou moins la croyance qui en fait une conception toute de notre temps, la faute n'en est certes pas à l'auteur anglais. Avec cette loyauté parfaite qu'il est impossible de ne pas reconnaître dans ses écrits, Darwin a dressé lui-même et publié en tête de son livre une liste comprenant les noms de vingt-huit naturalistes anglais, allemands, français, qui tous à des degrés divers et d'une manière plus ou moins explicite ont soutenu avant lui des idées analogues ; mais il se borne à de courtes indications, et les quelques lignes qu'il consacre à chacun d'eux ne permettent ni d'apprécier la marche des idées, ni surtout de juger jusqu'à quel point se rapprochent ou restent séparés en réalité des écrivains qu'on pourrait croire unis par une doctrine commune. Un intérêt scientifique réel s'attache pourtant à cette étude, et il y a là une lacune à combler.

Je ne passerai pas en revue tous les ouvrages cités par Darwin. Il en est, je dois l'avouer, qui me sont inconnus ; il en est d'autres qui reposent sur des données trop différentes de celles qui doivent nous guider dans ce travail.

Par exemple, quelle que soit la juste illustration du nom d'Oken, je ne crois pas devoir aborder l'examen d'une conception fondée avant tout sur des *a priori*, et qui procède directement, de la philosophie de Schelling. L'étude des auteurs français suffira du reste pour nous faire envisager à peu près à tous les points de vue le problème dont il s'agit. Sans sortir de chez nous, on rencontre à ce sujet les conceptions les plus diverses, et dont les auteurs invoquent tantôt de pures rêveries décorées du nom de philosophie, tantôt l'observation et l'expérience, de manière à rester sur le terrain scientifique. Pour compléter cette revue, nous aurons seulement à remonter un peu plus haut que ne l'a fait Darwin. Celui-ci s'arrête à Lamarck et à la *Philosophie géologique* (1809). Il pouvait agir ainsi sans commettre d'injustice réelle ; pourtant il vaut mieux aller jusqu'au temps de Buffon et à Buffon lui-même. Il y a de sérieux enseignements à tirer de quelques écrits, de cette époque, ne fût-ce que pour réduire à leur juste valeur certains rapprochements imaginés d'abord pour jeter de la défaveur sur les idées de Lamarck, et qu'on répète aujourd'hui pour combattre Darwin. Remonter plus haut serait inutile. Sans doute l'idée générale de faire dériver les formes animales et végétales actuelles de formes plus anciennes et qui n'existent plus se retrouverait bien loin dans le passé. On la rencontrerait aisément énoncée d'une manière plus ou moins explicite dans les écrits de maint philosophe grec, de maint alchimiste du moyen âge ; mais aux uns comme aux autres le problème de la formation des espèces ne pouvait se présenter avec la signification qu'il a pour nous. Avant Ray et Tournefort, les naturalistes ne s'étaient pas demandé ce qu'il fallait entendre par le mot *espèce*, que pourtant ils employaient

15

constamment. Or il est évident qu'il fallait avoir répondu à cette question avant de songer à rechercher comment avaient pu se former et se caractériser ces groupes fondamentaux, point de départ obligé de quiconque étudie les êtres organisés. Ce n'est donc pas même au commencement du XVII^e siècle que le problème de l'origine des espèces pouvait être posé avec le sens que nous lui donnons aujourd'hui, et il faut en réalité arriver jusqu'à Benoît de Maillet pour le voir traité de manière à nous intéresser.

Je viens d'écrire un nom qui a le privilège désagréable de provoquer à peu près toujours et partout un sourire dédaigneux ou railleur. Si je l'inscris ici parmi ceux des précurseurs des idées que je vais discuter, ce n'est point avec l'intention de jeter d'avance sur elles le moindre discrédit ; c'est uniquement parce que ce nom revient à chaque instant dans les controverses soulevées par l'ordre de conceptions qui nous occupe ; c'est aussi parce qu'il m'a toujours paru qu'on a été injuste envers cet auteur. Sans vouloir le réhabiliter au-delà de ses mérites, je crois utile de montrer pourquoi il a été si vivement attaqué non-seulement par ceux dont il était en quelque sorte l'adversaire naturel, mais encore par ceux qui semblaient devoir l'accueillir en allié.

## 2

De Maillet était *philosophe*, comme on disait alors ; c'était un « homme de beaucoup d'esprit, dit M. d'Archiac, de bon sens sur plusieurs points, fort instruit pour son temps. » Doué d'une imagination évidemment fort aventureuse, il avait inventé sur la constitution de l'univers, sur le passé et l'avenir de notre globe, sur l'origine des êtres animés, un système fort peu d'accord avec les dogmes généralement admis. À ce titre, il devait être et fut vivement attaqué par les défenseurs de ces dogmes. D'autre part, et précisément dans ce que son livre a de très sérieux et de vrai, il apportait des faits précis, faciles à invoquer à l'appui de certains passages des livres saints. Sa théorie mise de côté, quiconque soutenait la réalité du déluge mosaïque pouvait en appeler à ce témoignage d'autant plus important qu'il venait d'un esprit plus libre. Or Voltaire ne voulait pas du déluge universel ; il comprit le danger, et fit pleuvoir ses railleries sur le philosophe dont les doctrines tendaient à compromettre les siennes. On sait de quel poids pesaient alors et pèsent encore aujourd'hui sur l'opinion les plaisanteries de Voltaire. Voilà comment De Maillet a été repoussé par les deux camps, comment il a été honni en certains cas par ceux-là mêmes qui semblent avoir copié ses dires.

De Maillet n'est nullement un athée. Son philosophe indien proclame hautement l'existence d'un Dieu, esprit éternel et infini, qui a donné l'existence à tout ce qui vit. Il cherche même à montrer que son système cosmogonique s'accorde avec la Bible, à la condition d'interpréter certains passages autrement qu'on ne le fait d'ordinaire ; mais il réclame pour le philosophe le droit de chercher dans la science l'interprétation des faits naturels. À ce point de vue, il est l'homme de son temps. Il admet l'existence de tourbillons analogues à ceux de Descartes, et il suppose que les soleils, centres de ces tourbillons, s'épuisent par leur activité même, tout en enlevant à leurs planètes respectives une certaine quantité de matière et surtout l'eau, qui s'évapore et diminue à la surface de celles-ci ; mais, dit-il, rien ne se perd dans la nature. Ces matériaux ne sont pas dispersés, ils sont seulement repoussés vers les limites du tourbillon, entraînant avec eux des nombres infinis de semences, germes des êtres organisés futurs. Lorsqu'un soleil est entièrement épuisé, il s'éteint et devient un globe opaque ; son tourbillon s'arrête, lui-même et les planètes qu'il avait jusque-là retenues dans sa sphère d'action s'élancent au hasard dans l'espace jusqu'au moment où ils rencontrent quelque autre soleil en pleine activité. Celui-ci les entraîne dans son tourbillon, et ils s'ajoutent aux astres qui déjà tournaient autour de lui. Or, en pénétrant dans ce monde nouveau, ils ont à traverser la zone où sont emmagasinés les eaux, les germes, les matières de toute sorte chassées de la surface des planètes qui les ont précédés. Ils s'en emparent au passage, et arrivent ainsi à leur destination nouvelle entourés d'une couche liquide qui les enveloppe en entier. À partir de ce moment recommence pour ce soleil éteint transformé en planète, pour ces planètes épuisées et momentanément vagabondes, une nouvelle ère d'activité régulière et féconde. Ainsi, grâce aux lois établies par le créateur, les mondes se renouvellent par suite de leur épuisement même, et chaque renaissance a pour point de départ un véritable déluge.

C'est évidemment pour en arriver à cette conclusion que l'auteur a imaginé tout ce qui précède. Il s'agissait pour lui d'expliquer en dehors de toute intervention surnaturelle des faits qu'il avait longuement et bien positivement constatés. À une très grande distance des mers actuelles et jusqu'au sommet de hautes montagnes, il avait vu certaines roches renfermer des corps pétrifiés dont l'origine marine était à ses yeux indiscutable. Pour mettre hors de doute l'existence de ces fossiles, il accumule preuves sur preuves, détails sur détails, et toutes les observations qu'il cite le ramènent à la pensée que le globe a été sous l'eau et façonné en partie par elle. Là est la partie sérieuse du livre, celle qui a motivé les éloges de M. d'Archiac. Quiconque la lira avec attention reconnaîtra combien est peu fondée l'opinion des critiques qui n'ont voulu voir qu'une plaisanterie dans l'ouvrage entier. Là est aussi ce que Voltaire ne voulait pas admettre, ce qu'il a maintes fois repoussé par les hypothèses les plus hasardées. À peine est-il nécessaire de rappeler auquel des deux, de Telliamed ou de son contradicteur, la science moderne a donné raison. Elle n'a pu, il est vrai, accepter la conséquence immédiate que de Maillet tirait de l'existence des coquilles pétrifiées. Elle n'admet pas avec lui que la terre doive son relief actuel presque uniquement à la mer, et que l'apparition des continents soit due à l'évaporation ; mais qu'on se reporte à un siècle, et demi en arrière, qu'on se rappelle qu'à cette époque la géologie n'était, pas même née, et cette erreur paraîtra bien excusable.

II reste à peupler cette mer d'abord presque universelle, ainsi que les terres qu'elle a laissées à découvert en se retirant peu à peu. Ici encore, de Maillet ne s'écarte pas trop d'abord des idées qui ont été ou qui sont même encore admises dans la science sérieuse. La doctrine de l'emboîtement ou tout au moins de la préexistence des germes a longtemps régné presque sans partage. Réaumur n'en professait pas d'autre, et dans un de ses derniers écrits Cuvier déclarait que « les méditations les plus profondes comme les observations les plus délicates n'aboutissaient qu'au mystère de cette doctrine. » À part l'étrange origine qu'il leur attribue, de Maillet, avec ses semences n'est donc pas trop loin des vrais savants. On peut le suivre encore dans la manière dont il comprend le développement de ces germes. Ils n'éclosent pas tous à la fois, et la provision n'en est pas épuisée. Les espèces animales et végétales n'ont point paru toutes en même temps. À mesure que les mers baisseront, à mesure que naîtront des circonstances favorables, il en surgira de nouvelles. Cette manière de comprendre l'apparition successive des êtres organisés s'accorde assez bien avec les faits, et se rapproche à certains égards des idées émises récemment encore par quelques-uns des hommes les plus autorisés.

Malheureusement Telliamed complique bientôt sa doctrine comme à plaisir, et entre dans l'ordre d'idées, qui lui a valu sa triste, réputation. L'existence et la variété, des germes une fois admises, il ne tenait qu'à lui de trouver dans ces semences l'origine directe de toutes les espèces organiques. Au lieu d'adopter cette hypothèse simple et naturellement indiquée, il affirme que les germes primitifs n'engendrent que des espèces marines, et que de celles-ci descendent par voie de transformation toutes les espèces terrestres et aériennes, l'homme compris. Quand il s'agit des plantes, le philosophe indien semble regarder le problème comme facile. « Aussitôt qu'il y eut des terrains, dit Telliamed, il y eut certainement des vents et des pluies qui tombèrent sur les premiers rochers. » Les premiers ruisseaux coulèrent, et à mesure que la mer se retirait, se transformèrent en rivières ou en fleuves. Ceux-ci entraînèrent jusqu'à la mer les matériaux enlevés aux continents récemment émergés et amoncelèrent sur ces plages nouvelles « un limon plus doux » sur lequel les herbes marines vinrent « perdre leur amertume et leur âcreté ; » elles commencèrent ainsi à se *terrestriser*. La mer continuant à baisser, elles finirent par rester à sec, complétèrent leur métamorphose sous l'empire de ces conditions impérieuses, et se trouvèrent changées en espèces franchement terrestres. L'auteur avoue, il est vrai, que « les naturalistes prétendent que le passage des productions de la mer en celles de la terre n'est pas possible ; mais, ajoute-t-il, puisque toutes les mers produisent une infinité d'herbes différentes, même bonnes à manger, pourquoi ne croirions-nous pas que la semence de ces choses a donné lieu à celles que nous voyons sur la terre et dont nous faisons notre nourriture ? » Il cite deux ou trois exemples à l'appui de sa proposition et conclut en disant : «C'est ainsi, j'en suis persuadé, que la terre se revêtit d'abord d'herbes et de plantes que la mer enfermait dans ses eaux.»

La transformation des animaux marins en animaux fluviatiles ne présente aucune difficulté à l'esprit de Telliamed. Aussi l'indique-t-il comme en passant, et se borne-t-il à faire observer qu'en pénétrant dans les rivières la carpe, la perche, le brochet de mer, ont subi seulement quelques légères modifications dans la forme et le goût. Quand il en arrive aux espèces aériennes, il sent la nécessité de multiplier ses arguments. Il insiste sur l'humidité des couches d'air placées au-dessus de l'eau, surtout dans les régions boréales ; il signale l'existence des êtres analogues qui peuplent le fond de la mer et le sol des continents, les eaux et l'atmosphère ; il montre les oiseaux et les poissons présentant dans leurs mœurs, dans leurs allures, et jusque dans les riches couleurs qui les décorent, des ressemblances qu'il exagère parfois quelque peu. « La transformation d'un ver à soie ou d'une chenille en un papillon, dit-il, serait mille fois plus difficile à croire que celle des poissons en oiseaux, si cette métamorphose ne se faisait chaque jour à nos yeux... La semence de ces mêmes poissons, portée dans des marais, peut aussi avoir donné lieu à une première transmigration de l'espèce du séjour de la mer en celui de la terre. Que cent millions aient péri sans avoir pu en contracter l'habitude, il suffit que deux y soient parvenus pour avoir donné lieu à l'espèce. »

Les poissons volants fournissent à l'auteur un exemple sur lequel il insiste d'une manière toute spéciale. « Entraînés par l'ardeur de la chasse ou de la fuite, emportés par le vent, ils ont pu, dit-il, tomber à quelque distance du rivage dans des roseaux, dans des herbages, qui leur fournirent quelques aliments tout en les empêchant de reprendre leur vol vers la mer. Alors, sous l'influence de l'air, les nageoires se fendirent, les rayons qui les soutiennent se transformèrent en plumes dont les membranes desséchées formèrent les barbules, la peau se couvrit de duvet, les nageoires ventrales devinrent des pieds, le corps se modela, le cou, le bec, s'allongèrent, et le poisson se trouva devenu un oiseau. »

Rien de plus simple pour Telliamed que la transformation des espèces marines rampantes en reptiles aériens. Ne voit-on pas ces derniers vivre dans l'eau presque aussi facilement que sur la terre ? Les mammifères sont plus embarrassants. Cependant l'auteur cite rapidement les ours marins, les éléphants de mer, puis il donne quelques détails sur les phoques. Après avoir rappelé leurs habitudes et affirmé qu'on a vu ces animaux vivre plusieurs jours à terre, il ajoute : « Il n'est pas impossible qu'ils s'accoutument à y vivre toujours par la suite, par l'impossibilité même de retourner à la mer. C'est ainsi sans doute que les animaux terrestres ont passé du séjour des eaux à la respiration de l'air. » Enfin arrivé aux espèces humaines, il en admet la multiplicité. Telliamed réunit toutes les prétendues histoires d'hommes marins, et en conclut que nous aussi nous devons chercher dans la mer nos premiers ancêtres.

En résumé de Maillet partage les êtres organisés en deux grands groupes, l'un aquatique et marin, l'autre aérien et terrestre. Par- tout le premier a engendré le second. La filiation est directe, chaque espèce marine donnant naissance à l'espèce terrestre correspondante. La transformation est le plus souvent individuelle et analogue à la métamorphose de la chenille en papillon ; elle peut s'accomplir aussi dans certains cas par le transport des œufs, qui, pondus par un animal marin, mais exposés à l'air, donnent naissance à des individus terrestres. Quelques espèces vivant presque indifféremment à l'air et dans l'eau peuvent, semble-t-il croire, être considérées comme des « intermédiaires momentanés » entre les deux mondes ; mais dans aucun cas l'*hérédité* n'a de rôle dans ces phénomènes. La transformation s'opère toujours sous l'empire de la nécessité, imposée par ce que nous appellerions aujourd'hui le *milieu*, et de l'*habitude*, qui façonne rapidement l'organisme. Le développement des êtres organisés marins a commencé peu après que les montagnes les plus élevées eurent été mises à sec ; celui des espèces terrestres date seulement d'une époque à laquelle les continents étaient à peu près ce qu'ils sont aujourd'hui. Ce développement est successif, il dure encore, il se continuera dans l'avenir, et, à mesure que les mers baisseront davantage, les flores, les faunes marines et terrestres s'enrichiront de plus en plus. Nulle part d'ailleurs de Maillet ne donne à entendre que les espèces marines varient tant qu'elles restent dans leur premier élément, pas plus qu'il ne parle de changements survenus dans les espèces terrestres après la grande métamorphose qui en a changé la nature.

Tel est le système que, sur les instances de Fontenelle, de Maillet joignit à ses sérieuses études de géologie et de paléontologie. À tout prendre et à tenir compte de la date, il n'était pas mal conçu. L'auteur partait de faits matériels bien observés et d'une interprétation de ces faits au moins plausible à une époque où la théorie des soulèvements était loin de tous les esprits ; il s'appuyait sur une doctrine professée par les maîtres de la science ; il n'ajoutait qu'une hypothèse, celle de la transmutation des espèces. À l'appui de cette hypothèse, il n'invoquait guère que des arguments difficiles à réfuter, précisément à cause de ce qu'ils avaient de vague ; mais cela même dut séduire plus d'une imagination. Quiconque cherche à se rendre compte de sa façon de raisonner y relève facilement des rapprochements hasardés, des assertions gratuites, des appels à la possibilité. Quelqu'un a-t-il jamais constaté la réalité de ces migrations d'un élément à l'autre, de ces brusques transformations ? Non certes, et Telliamed en convient tout le premier ; mais il répond qu'elles ne s'accomplissent que dans le voisinage des pôles ou dans des lieux tout aussi déserts. Voilà pourquoi elles n'ont pas encore eu de témoins. Elles n'en sont pas moins réelles, dit-il, car chaque jour on découvre en

Europe, en France même, des espèces jusque-là inconnues. Or comment admettre qu'elles aient pu échapper si longtemps à l'observation ? N'est-il pas plus simple de croire qu'elles sont de formation nouvelle ? — Que répondre ? et comment réfuter un adversaire qui argue de ses convictions personnelles et invoque jusqu'à notre ignorance même comme une preuve en sa faveur ? C'est ce que fait ici Telliamed, entraîné bien loin de son point de départ et de sa méthode première. Il avait commencé par constater et étudier des faits vrais dont il comprit mieux que la plupart de ses contemporains l'importance et la signification précises, il les avait coordonnés d'une manière assez rationnelle ; mais il voulut les expliquer, et cette explication était au-dessus de sa science. Voilà comment un livre « commencé, dit M. d'Archiac, avec toute la sévérité des méthodes scientifiques » aboutit à des conceptions qu'on ne songe même plus à combattre.

## 3

Il est un autre auteur dont le nom a été prononcé quelquefois dans la discussion des idées dont il s'agit ici, c'est J.-B.-René Robinet. Cuvier le cite avec une sorte d'indignation en répondant à Lamarck. M. Flourens se borne à le mentionner dans le livre qu'il a consacré à l'examen de la théorie de Darwin. Ces dédains sont certainement justifiés. Pour quiconque entend rester fidèle à la véritable science, Robinet est avant tout un rêveur qui, croit pouvoir résoudre tous les problèmes possibles en vertu de quelques idées *a priori* présentées comme autant de principes indiscutables. Je ne le suivrai pas dans les détails d'un système qui embrasse l'ensemble des choses, je me bornerai, à indiquer la manière dont il conçoit la question de l'espèce et de l'origine des êtres, y compris celle de l'homme. Robinet distingue

Dieu du monde, la nature incréée de la nature créée. Celle-ci est un tout continu, formé d'existences variées ne laissant place à aucune lacune, à aucune interruption. La nature ne va jamais par sauts, dit-il avec Leibniz et Bonnet, et cette loi de continuité qu'il poursuit jusque dans ses conséquences les plus extrêmes, le conduit tout d'abord à nier la distinction entre la matière brute et la matière organisée. Pour lui, toute matière est vivante. Elle est entièrement composée de germes d'où proviennent toutes choses, les corps que noua appelons bruts comme les êtres organisés et vivants. La génération n'a d'autre but que de placer un certain nombre de ces germes dans des conditions favorables de développement. Quand un germe se développe, il ne fait que s'adjoindre les germes voisins, dont il compose la substance de l'être complet, et auxquels il rend la liberté quand cet être meurt. Ces germes sont capables de réaliser toutes les formes possibles, dont ils sont le raccourci ; mais ils sont au fond de même nature, car, s'il en était, autrement, il y aurait un de ces sauts qu'on ne saurait admettre. Par conséquent il n'existe en réalité qu'un seul règne, et ce règne est le règne animal. Tout dans l'univers relève de l'animalité, les plantes, les minéraux et même les éléments admis par les anciens. La terre, le soleil, les astres, sont autant d'animaux immenses dont la nature nous échappe à raison de leur étendue même et de la forme sous laquelle l'*être*, s'est ici réalisé. Dans ce règne universel, et toujours en vertu de la loi de continuité, il ne peut exister que des individus. L'*espèce* des naturalistes n'est qu'une illusion tenant à la faiblesse de nos organes. Incapables de saisir les différences minimes qui seules séparent l'un de l'autre les anneaux de l'immense chaîne, nous comprenons sous la dénomination d'espèce la collection des individus qui possèdent une somme de différences appréciables pour nous. Les idées de genres, de classes, de règnes, sont nées de la même manière, et n'ont en réalité rien de plus fondé. La preuve en est dans les dissentiments qui ont séparé et séparent les naturalistes, dans la difficulté qu'ils éprouvent à s'entendre sur la délimitation des groupes, dans la découverte journalière d'êtres intermédiaires venant combler les lacunes apparentes. S'il en reste encore un certain nombre, la science à venir les fera disparaître. Toutes les formes sont d'ailleurs transitoires, jamais la nature ne se répète, et d'un bout à l'autre du grand tout règnent sans cesse le mouvement, la variation, le changement. « Il pourra y avoir un temps auquel il n'y ait pas un seul être conformé comme ceux que nous voyons à cet instant de la durée des choses. »

Le monde matériel ou visible n'est en réalité qu'un ensemble de phénomènes déterminés par le monde invisible résultant de la collection des forces naturelles. Dans ces deux mondes, la loi de continuité veut qu'il y ait également progression. « Les forces s'engendrent à leur manière, comme les formes matérielles. » Dans la constitution du tout, la nature n'a pu procéder que du simple au composé. Il suit de là que tous les êtres ont dû avoir pour point de départ un *prototype* formé par l'union de la force et de la forme réduites à leur état élémentaire. L'échelle universelle des êtres résulte du progrès nécessaire de cet élément premier. Or le progrès s'accuse surtout par l'activité de plus en plus marquée, par la prédominance croissante de la force sur la matière. Des minéraux aux végétaux, des végétaux aux animaux et de ceux-ci à l'homme, la progression est frappante. Elle ne s'arrête pas là. « Il peut y avoir, dit

Robinet, des formes plus subtiles, des puissances plus actives que celles qui composent l'homme. La force pourrait bien encore se défaire insensiblement de toute matérialité pour commencer un nouveau monde ;... mais nous ne devons pas nous égarer dans les vastes régions du possible. »

Nous avons déjà vu Robinet oublier bien souvent cette sage maxime, et c'est au moment même où il vient de la tracer qu'il lui est le plus infidèle. Abandonnant le monde des forces pures, il revient sur notre globe et s'arrête à l'homme. Il voit en lui le chef-d'œuvre de la nature ; mais celle-ci, « visant au plus parfait, ne pouvait cependant y parvenir que par une suite innombrable d'ébauches. » À ce point de vue, « chaque variation du prototype est une sorte d'étude de la forme humaine que la nature méditait. » Ce n'est pas seulement l'orangoutang, d'ailleurs « plus semblable à l'homme qu'à aucun animal, » qui doit être regardé comme une tentative faite pour réaliser ce terme final, ce n'est pas seulement le cheval et le chêne, ce sont encore les minéraux et surtout les fossiles. La preuve selon Robinet, c'est qu'on trouve « des pierres qui représentent le cœur de l'homme, d'autres qui imitent le cerveau, le crâne, un pied, une main... » Le règne animal, le règne végétal, lui fournissent des faits analogues. À ces essais partiels succèdent des tentatives d'ensemble. Ici Robinet en arrive aux hommes marins, aux hommes à queue. Il passe ensuite en revue les principales populations humaines, et signale comme les plus belles les Italiens, les Grecs, les Turcs, les Circassiens. Là n'est pas toutefois le terme de la perfection. Jusqu'ici les sexes ont été séparés ; mais les essais d'hermaphrodisme déjà tentés chez nous par la nature marquent suffisamment le but qu'elle veut atteindre. Un temps viendra où l'homme réunira les attributs et les beautés diverses de Vénus et d'Apollon. Alors peut-être aura-t-il atteint le plus haut degré de la beauté humaine.

Nous ne nous arrêterons pas à discuter ces fantaisies ; elles suggèrent pourtant quelques réflexions. Sans avoir vu et étudié par lui-même comme de Maillet, Robinet n'en possédait pas moins un savoir assez étendu en histoire naturelle. Il connaissait les écrits des naturalistes du temps, il invoque à l'appui de ses dires un certain nombre de faits bien réels. Comment donc s'est-il égaré au point que nous avons vu ? C'est qu'il s'est laissé entraîner par la métaphysique, et a subordonné l'observation à la théorie. De l'animal au végétal, de celui-ci au minéral, il ne peut, affirme-t-il, y avoir la moindre lacune, le moindre saut. Les deux premiers sont organisés et vivants, donc les derniers doivent l'être également. Pour ne pas être accessible à nos moyens de recherches, l'organisation des fossiles n'en existe pas moins. Il est vrai que « l'analogie est au-delà de nos sens. » Qu'importe ? « C'est outrager la nature que de renfermer la réalité de l'être dans la sphère étroite de nos sens ou de nos instruments. » En d'autres termes, l'intelligence doit, une fois le principe posé, se passer de l'expérience et de l'observation. Nous sommes, on le voit, bien loin de la méthode scientifique.

Considéré au point de vue qui nous intéresse surtout, Robinet admet l'existence de germes se développant successivement en procédant du simple au composé. Les êtres ainsi réalisés forment une chaîne continue dont l'anneau inférieur est un prototype de la plus grande simplicité possible. L'homme est pour le moment le dernier terme de la série ; mais un être plus parfait, plus complet, peut très bien le détrôner au premier jour. Toutefois cet être humain ne dérivera pas de l'homme actuel, pas plus que les êtres existants ne dérivent de ceux qui les ont précédés. Dans le système de Robinet, tout rapport de ce genre est impossible. Pour lui, il n'existe pas d'espèce, il existe seulement des individus produits d'une manière absolument indépendante au moyen de germes pris directement dans le fond commun préparé par la nature. Il n'y a donc pas de génération ou même de filiation à proprement parler. On peut presque dire qu'il n'y a ni père ni mère. C'est la nature qui a produit de tout temps et qui produit sans cesse les intermédiaires existants du prototype à l'homme, et qui apparaît seule comme la grande *alma parens rerum*.

Évidemment cette conception est aussi opposée que possible aux idées de De Maillet, qui admet des germes d'espèces, l'existence de celles-ci et la transformation directe, individuelle, d'un poisson en oiseau, d'un ver marin en ver de terre, qui, à mesure qu'ils apparaissent, peuplent ainsi les continents par voie de filiation immédiate. On s'est donc trompé lorsqu'on a associé au point de vue des systèmes Robinet et de Maillet, surtout on s'est complètement mépris lorsqu'on a placé ces auteurs au nombre des philosophes qui ont cherché l'origine de tous les êtres dans les modifications d'un seul ou dans le développement d'un premier germe. Il n'y avait en réalité guère plus de raison pour rapprocher leurs noms de celui de Lamarck ; mais, avant d'examiner les doctrines de ce dernier, je dois m'arrêter un instant à celles de Buffon.

## 4

Dans un travail publié il y a quelques années, j'ai indiqué comment notre grand naturaliste, après avoir cru d'abord à l'invariabilité absolue de l'espèce, était passé subitement à l'extrême opposé. Pendant cette seconde phase de son évolution intellectuelle, Buffon admit non-seulement la variation, mais même la mutation et la dérivation des espèces animales. Les groupes composés d'espèces plus ou moins voisines lui apparaissaient alors comme ayant eu une souche principale commune de laquelle « seraient sorties des tiges différentes et d'autant plus nombreuses que les individus dans chaque espèce sont plus petits et plus féconds. » Il a fait l'application de cette idée aux espèces du genre cheval connues de son temps ; il l'a appliquée aux grands chats du Nouveau-Monde, le jaguar, le couguar, l'ocelot, le margay, qu'il rapproche de la panthère, du léopard, de l'once, du guépard et du serval de l'ancien continent. « On pourrait croire, ajoute-t-il, que ces animaux ont eu une origine commune. » Et pour expliquer la distinction actuelle il remonte à l'époque où les deux continents se sont séparés. Il dit encore que les deux cents espèces dont il a fait l'histoire « peuvent se réduire à un assez petit nombre de familles ou souches principales desquelles il n'est pas impossible que toutes les autres soient issues. » Enfin de la discussion détaillée de ces souches premières faite à ce point de vue il conclut que le nombre en peut être estimé à trente-huit.

Certes Buffon à cette phase de sa carrière aurait mérité de figurer dans l'historique de Darwin ; mais on sait qu'après avoir, pour ainsi dire, exploré les deux doctrines extrêmes et contraires, Buffon s'arrêta plus tard à des convictions qu'il conserva définitivement. L'espèce ne fut plus à ses yeux ni *immobile*, ni *mutable*... Il reconnut que, tout en restant inébranlables en ce qu'ils ont d'essentiel, les types spécifiques pouvaient se réaliser sous des formes parfois très différentes. En d'autres termes, il joignit à l'idée bien arrêtée de l'espèce l'idée non moins nette, non moins précise, de la *race*, distinction fondamentale où se retrouve l'empreinte du génie revenant à la vérité, éclairé par ses erreurs mêmes. C'est certainement pour l'avoir trop oubliée que les hommes les plus éminents se sont parfois égarés. Buffon appliqua d'ailleurs à la formation des races la doctrine par laquelle il avait expliqué auparavant les altérations de l'espèce. « La température du climat, la qualité de la nourriture et les maux de l'esclavage » restèrent pour lui les causes déterminantes des modifications subies par les animaux : il trouva dans le monde extérieur la cause unique et immédiate de ces modifications. Nulle part il ne donne à entendre que l'être réagisse d'une manière quelconque, et vienne par lui-même en aide à l'action qui s'exerce sur lui. Ici Buffon fut évidemment incomplet ; mais il n'en eut pas moins le mérite de formuler nettement le premier les bases de la théorie des actions exercées par le milieu et d'appeler l'attention sur l'influence de la domesticité.

Lamarck fut d'abord le disciple de Buffon, le familier de sa maison ; il entra à l'Académie des Sciences l'année même où parut le dernier volume de l'*Histoire naturelle* (1779). Nous n'avons pas à montrer ici combien étaient mérités cet accueil et cette récompense, non plus qu'à insister sur les mérites éminents du naturaliste qu'on a nommé le Linné français. Ses études théoriques sur l'origine et la filiation des espèces doivent seules nous occuper. Sur ce sujet, Lamarck a reflété les deux premières phases de son maître ; mais il s'est arrêté à la seconde. Il en avait accepté l'idée fondamentale, et la poursuivit jusque dans ses conséquences les plus extrêmes à l'aide de ses conceptions propres. En outre, doué d'un esprit à la fois méthodique et spéculatif, il céda à la tentation d'expliquer les phénomènes du monde organique en les rattachant à des idées philosophiques générales. Par là, il faut le reconnaître, il se rapprochât de De Maillet ; et de Robinet. Toutefois il ne toucha pas aux problèmes cosmogoniques, et son système, en ce qui nous intéresse, n'a aucun rapport avec celui du second pas plus qu'avec les hypothèses du premier. Son point de départ est tout autre ; les faits qu'il invoque dès le début sont d'un ordre absolument différent ; De Maillet s'appuyait sur des études géologiques et paléontologiques ; c'est aux êtres : vivants seuls que s'adresse Lamarck.

Après quelques généralités sur ce qu'on appellerait aujourd'hui la méthode naturelle, Lamarck se demande ce que sont les *espèces*, ces groupes élémentaires des deux règnes organiques. Il rappelle les incertitudes de la science et la difficulté qu'éprouvent souvent les naturalistes à caractériser les espèces voisines ; il insiste sur le grand nombre des « espèces douteuses, » c'est-à-dire de celles que l'on ne peut distinguer nettement des races ou des variétés. Il revient à diverses reprises sur la gradation que présente l'ensemble des espèces et des types. De ces faits empruntés d'abord aux animaux et aux végétaux sauvages, il conclut que l'espèce en général ne possède pas la constance absolue qu'on lui attribue d'ordinaire. Dans un chapitre spécial, il revient sur cette conclusion, et, invoque les exemples de variation si nombreux, si frappants, que présentent les espèces domestiques. Il cite en particulier nos poules et nos pigeons. Il montre les conséquences pratiques de ces faits au point de vue, de l'étude et des classifications, puis il cherche à les expliquer. Lamarck distingue Dieu de la nature, et celle-ci de l'univers. Ce dernier est l'ensemble inactif et sans puissance propre de tous les êtres physiques et passifs, « c'est-à-dire de toutes les matières et de tous les corps qui existent. » La nature au contraire est une puissance active, inaltérable dans son essence, constamment agissant sur toutes les parties de l'univers, mais dépourvue d'intelligence et assujettie à des lois. En d'autres termes, Lamarck admet l'existence d'une matière inerte et de, forces, véritables causes de tous les phénomènes. Parmi, ces forces, il en est, de subordonnées et qui naissent des puissances supérieures. Lamarck place la vie parmi ces forces dépendantes ; « instituées par la puissance générale. » Pour lui, elle naît et s'éteint avec les corps qui ont été son domaine. Pour Lamarck, la vie n'est qu'un effet particulier plus ou moins passager, plus ou moins durable, des actions exercées par ce que nous appelons, aujourd'hui, les forces physico-chimiques. Celles-ci seules ont peuplé le globe primitivement désert en déterminant les *générations spontanées*.

Voici comment Lamarck explique le mécanisme de ces créations exclusivement dues aux forces générales. L'attraction a formé dans les eaux du vieux monde et forme journellement dans celles du monde actuel de très petits amas de matières gélatineuses ou mucilagineuses. Sous l'influence de la lumière, les fluides subtils (calorique, électricité) pénètrent ces petits corps, et, comme ils exercent une action répulsive, en écartent les molécules, y creusent des cavités, en transforment la substance en un tissu cellulaire d'une délicatesse infinie. Dès lors ces corpuscules sont capables d'absorber et d'exhaler les liquides et les gaz ambiants ; le mouvement vital commence, et, selon la composition de la petite masse primitive, on a un végétal ou un animal élémentaire, un byssus ou un infusoire. Peut-être même des êtres bien plus élevés prennent-ils naissance par le même procédé direct. N'est-il pas présumable, dit Lamarck, qu'il en est ainsi pour les vers intestinaux ? Pourquoi les choses ne se passeraient-elles pas de même pour des mousses, pour des lichens ?

Si le naturaliste, partant des êtres élémentaires directement engendrés par la nature, considère l'ensemble des animaux ou des végétaux, il reconnaît bien vite que d'un groupe à l'autre l'organisation s'élève par degré et se perfectionne en se compliquant. Toutefois, — et Lamarck insiste sur ce point avec une certaine vivacité, — ce fait général n'est vrai qu'à la condition de procéder par grandes coupes. En réalité, il n'existe rien de semblable à l'échelle rigoureusement graduée qu'ont admise Leibniz, Bonnet et d'autres philosophes ou naturalistes. Les animaux sont parfaitement distincts des végétaux, et chacun de ces règnes, étudié isolément, ne représente pas une série unique. Tous deux ont, il est vrai, le même point de départ : dans l'un et dans l'autre, l'organisation, d'abord d'une simplicité extrême, s'est complétée par des moyens analogues ; mais chez tous deux le développement régulier, normal, a été troublé par des circonstances accidentelles. De là proviennent des lacunes et des irrégularités portant tantôt sur la forme extérieure, tantôt sur l'organisation interne, et qu'on a eu tort de nier. Toutefois, dans les familles, dans les genres et surtout dans les espèces, la loi générale se reconnaît d'une manière évidente, et de là même résultent les difficultés que le naturaliste rencontre à chaque pas dans la délimitation de ces groupes. Chaque jour d'ailleurs on découvre de nouveaux intermédiaires entre les types qu'on avait pu croire nettement séparés. C'est ainsi que les monotrèmes (ornithorynque, échidné) viennent de réunir aux mammifères les reptiles et les oiseaux.

Comment expliquer un pareil état de choses ? Lamarck répond à cette question par le pouvoir de la nature. C'est elle qui a tout produit. Or « il est évident, dit-il, qu'elle n'a pu produire et faire exister à la fois tous les animaux,… car elle n'opère rien que graduellement, que peu à peu, et même ses opérations s'exécutent relativement à notre durée individuelle avec une lenteur qui nous les rend insensibles. » Les êtres élémentaires, formés de toutes pièces par l'action des forces physiques et ayant, grâce à elles, reçu la première étincelle de vie, se sont développés et se développent encore journellement ; ce sont eux qui ont donné naissance à tous ceux que renferment le règne animal et le règne végétal ; les espèces les plus élevées descendent de ces proto-organismes par voie de filiation et de dérivation. Telle est l'opinion de Lamarck ; mais rien ne rappelle chez lui les brusques métamorphoses admises par Telliamed. Il leur substitue au contraire des modifications graduelles accomplies durant des périodes dont la longueur échappe à notre observation.

La nature dispose en maîtresse de la matière, de l'espace et du temps pour accomplir cette genèse des êtres ; mais à son tour elle est soumise à des lois. Les principales sont au nombre de quatre, et Lamarck les énonce en les étayant de considérations où se trouvent formulés les principaux points de sa doctrine. La première est que la vie, par ses propres forces, « tend continuellement à accroître le volume de tout corps qui la possède et à étendre les dimensions de ses parties jusqu'à un terme qu'elle amène elle-même. » Ce terme est la mort, suite naturelle de la vie ; mais avant qu'elle ait frappé même le petit corps gélatineux que nous avons vu naître par génération spontanée, celui-ci a été le siège de mouvements qui l'ont développé, grandi et déjà quelque peu modifié en bien. Ce premier progrès n'est pas seulement individuel ; il n'est que le premier pas fait dans la voie de perfectionnement que vont parcourir les descendants du corpuscule primitif grâce à une autre loi placée par Lamarck au dernier rang, mais qui mérite de prendre place ici. « Tout ce qui a été acquis, dit-il, tracé ou changé dans l'organisation des individus pendant le cours de leur vie est conservé par la génération et transmis aux nouveaux individus qui proviennent de ceux qui ont éprouvé ces changements. » On comprend toute l'importance de cette loi, en vertu de laquelle les moindres modifications, accumulées de générations en générations, finissent par produire les changements les plus variés et les plus frappants. Lamarck en a fait ressortir toutes les conséquences essentielles ; j'aurai à les discuter. Je me borne pour le moment à faire remarquer que cette action de l'hérédité n'est pas même indiquée par Telliamed, et qu'elle est en opposition absolue avec les idées fondamentales que Robinet professe sur la nature de la matière et des germes.

Quelque insensibles et gradués que soient les changements, encore faut-il qu'ils soient déterminés par une cause et produits par certains procédés ; La seconde loi de Lamarck répond à ces deux questions. « La production d'un nouvel organe dans un coups animal, dit cette loi, résulte d'un nouveau besoin qui continue à se faire sentir et d'un nouveau mouvement que ce besoin fait naître et entretient. » Ici Lamarck se rapproche, de Telliamed autant que le permettent les différences fondamentales des deux doctrines. Les besoins dont il parle ressemblent beaucoup à la nécessité invoquée par le philosophe indien pour motiver la transmutation d'un poisson volant en oiseau. Seulement le naturaliste français fait toujours intervenir le temps et un nombre indéterminé, mais fort considérable, de générations. Il parle aussi très souvent de l'influence exercée par les circonstances, par le milieu, et l'on pourrait croire qu'il attribue au monde extérieur le pouvoir de modifier directement la forme et l'organisation des êtres. Lamarck se rapprocherait par là de Buffon mais il prend soin de prémunir lui-même le lecteur contre une assimilation poussée trop loin. Si les conditions d'existence agissent sur les êtres vivants, c'est seulement parce que d'elles dépendent des besoins, et que la nécessité de satisfaire à ces besoins entraîne des *habitudes*.

Déjà nous avons vu de Maillet exprimer à peu près la même pensée ; mais Lamarck l'a développée ou mieux l'a modifiée de manière à se l'approprier. Pour lui, l'habitude est le procédé général mis en œuvre par la nature pour transformer les animaux, et il résume ses vues à cet égard dans cette dernière loi, que : « le développement et la force d'action des organes sont constamment en raison de l'emploi de ces organes. » De cette proposition essentiellement physiologique, il résulte que l'exercice doit fortifier les appareils de l'organisme, tandis que tel repos tend nécessairement à en amener l'amoindrissement d'abord, l'annihilation ensuite. Lamarck est ainsi conduit à admettre non-seulement des « transformations progressives, » mais aussi des « transformations régressives » portant au moins sur certains organes. La manière dont il comprend l'origine des mammifères et le partage de cette classe en trois groupes fondamentaux présente une application simple et précise de cette théorie. Les mammifères dérivent directement de reptiles sauriens semblables au crocodile. Ils ont apparu d'abord sous la forme de mammifères amphibies qui possédaient quatre membres, mais peu développés. De ceux-ci, les uns, comme les phoques, contractèrent l'habitude de se nourrir de proie vivante, et, entraînés peu à peu sur terre sans doute par l'ardeur de la chasse, se transformèrent en mammifères onguiculés (carnassiers, rongeurs) ; d'autres, les lamantins par exemple, s'habituèrent à brouter, et, gagnant peu à peu l'intérieur des continents, formèrent la souche des mammifères ongulés (pachydermes, ruminants). Chez les uns et les autres, les nécessités de la locomotion terrestre, les habitudes que celle-ci entraîne, développèrent largement les membres et le bassin, cette ceinture osseuse qui sert d'attache aux pattes de derrière. Les mammifères aquatiques, qui prirent l'habitude de rester dans l'eau et de venir seulement respirer à la surface, perdirent peu à peu les membres postérieurs, qui ne fonctionnaient plus, et le bassin, désormais inutile. En même temps les membres antérieurs, sous l'influence des habitudes commandées par le milieu, se raccourcirent et se changèrent en nageoires. De là est venu ce que nous appellerions aujourd'hui le type aberrant auquel se rattachent la baleine et les autres cétacés. « Assurément, dit Lamarck, il entrait dans le plan de leur organisation d'avoir quatre membres et un bassin comme tous les autres mammifères. Ce qui leur manque est le produit d'un avortement occasionné, à la suite de beaucoup de temps, par le défaut d'emploi des parties qui me leur étaient plus d'aucun usage[1]. »

Lamarck ne se contente pas d'ailleurs de ces indications vagues sur la cause des transformations des types animaux, il en précise le mécanisme, et prend pour exemple les mollusques gastéropodes (escargots, limaces).

[1] L'auteur revient du reste à diverses reprises sur ces considérations, et cite d'autres exemples, parmi lesquels il en est d'empruntés à l'homme lui-même. Il signale en particulier comme due au défaut d'exercice l'atrophie de l'œil chez certains mammifères et chez certains reptiles. La manière de se nourrir du fourmilier, du pic-vert, explique le développement de la langue de ces animaux ; la station assise et la progression par sauts imposées au kangourou par son mode de gestation est encore, selon Lamarck, la cause de la petitesse des membres antérieurs et du développement énorme que présentent les membres postérieurs et la queue. L'habitude de sauter en étendant fortement les membres a développé les membranes latérales des *écureuils volants* et déterminé la formation des ailes des chauves-souris.

« Je conçois, dit-il, qu'un de ces animaux éprouve en se traînant le besoin de palper les corps qui sont devant lui. Il fait des efforts pour toucher ces corps avec quelques-uns des points antérieurs de sa tête, et y envoie à tout moment des masses de fluide nerveux,... des sucs nourriciers. Je conçois qu'il doit résulter de ces affluences réitérées qu'elles étendront peu à peu les nerfs qui s'y rendent... Il doit s'ensuivre que deux ou quatre tentacules naîtront et se formeront insensiblement sur les points dont il s'agit. C'est ce qui est arrivé sans doute à toutes les races de gastéropodes à qui des besoins ont fait prendre l'habitude de palper les corps, avec des parties de leur tête ; mais, s'il se trouve des races qui n'éprouvent pas de semblables besoins, leur tète reste privée de tentacules, elle a même peu de saillie. » Voilà comment Lamarck comprend que toutes les formes animales sont dérivées peu à peu de proto-organismes nés sous l'empire des forces physiques. Il ne se borne pas à indiquer ce fait capital, conséquence logique de tout ce qui précède, il développe sa conclusion et dresse à deux reprises le tableau généalogique indiquant la filiation des classes dans le règne animal. Les mêmes principes s'appliquent aux végétaux, et conduisent à des résultats analogues. Seulement il ne peut exister de véritable habitude dans les plantes. Aussi les transformations s'accomplissent-elles ici grâce « à la supériorité que certains mouvements vitaux peuvent prendre sur les autres sous l'influence des changements de circonstances. » C'est encore, on le voit, une sorte d'habitude. Dans les deux règnes d'ailleurs, les causes du changement sont tout intérieures et individuelles. C'est l'organisme qui agit sur lui-même volontairement ou involontairement. Le monde extérieur, le milieu, n'intervient que pour déterminer les actes ou les phénomènes, causes immédiates de toutes les modifications subies par les êtres vivants. Il y a là entre la manière de voir de Lamarck et celle de Buffon une différence radicale, une opposition complète. À diverses reprises, Lamarck insiste sur l'accord existant entre les conséquences de sa théorie et les faits de la géographie, sur la facilité résultant de ses doctrines pour rendre compte des rapports mutuels des groupes zoologiques. Tout ce qu'il dit sur ces diverses questions est généralement juste, surtout si l'on se reporte à l'époque où il écrivait. Les faits semblent donc ici confirmer de tout point la théorie.

Les tableaux de Lamarck, les déductions qu'il tire de ses principes, n'embrassent que les types actuels, ne comprennent que les espèces vivantes. À l'époque où il écrivait, la géologie, la paléontologie surtout, étaient loin d'être ce qu'elles sont devenues. Il n'est donc pas surprenant qu'il n'ait pas demandé aux fossiles les enseignements qu'on y est allé chercher plus tard. Toutefois il n'a pas laissé entièrement de côté les problèmes spéciaux soulevés par ces restes organiques. Il les a très nettement et très positivement résolus dans le sens de sa théorie. L'idée de la destruction des espèces lui répugne, et, quand il s'agit des grands mammifères, dont Cuvier commençait à décrire les ossements, il en attribue la disparition à l'homme ; mais devant le nombre croissant des coquilles fossiles, si différentes des espèces vivantes qu'il déterminait et classait lui-même, il est bien obligé de reconnaître que l'homme n'est pour rien dans les modifications des mollusques. Il les attribue sans hésiter à l'influence des changements subis par le globe lui-même, changements qui ont entraîné pour les êtres vivants des besoins nouveaux, des habitudes nouvelles, et par conséquent des transformations. « Qu'on ne s'étonne pas, conclut-il, si parmi les nombreux fossiles il s'en trouve si peu dont nous reconnaissions les analogues vivants ; si quelque chose doit nous surprendre, c'est que nous puissions constater l'existence de quelques-uns de ces analogues.»

De toutes ces données résulte pour Lamarck l'idée qu'il se fait de l'espèce considérée dans le temps. À proprement parler, elle n'existe pas pour lui. « Parmi les corps vivants, dit-il, la nature ne nous offre d'une manière absolue que des individus qui se succèdent les uns aux autres par la génération, et qui proviennent les uns des autres ; les espèces n'ont qu'une constance relative, et ne sont invariables que temporairement. » Faisons-le remarquer tout de suite, dans cette dernière ligne reparaît le naturaliste, effacé jusque-là par le philosophe et le théoricien. Frappé de l'inégalité que manifestent à tous égards les êtres organisés, de la progression presque régulière qu'il avait constatée d'une extrémité à l'autre des deux règnes, Lamarck a voulu expliquer cet état de choses ; mais ces spéculations ne lui ont pas fait oublier les faits qu'il avait si souvent observés par lui-même. Lorsqu'il n'envisage plus l'espèce dans la durée indéfinie des siècles, lorsqu'il rentre dans les temps accessibles à l'expérience et à l'observation, il va jusqu'à employer l'expression « d'invariable. » Dans sa *Philosophie zoologique*, il a même accepté comme exacte une définition de l'espèce qui revient au fond à celle de Buffon, à celle de Guvier, à celle de tous les naturalistes qui croient à la réalité de l'espèce.

Tel est l'ensemble de la doctrine de Lamarck. Il est facile de voir qu'elle lui appartient bien en propre, qu'elle n'a aucun rapport avec celles de ses prédécesseurs. Dans la route qu'il s'est tracée, l'auteur de la

*Philosophie zoologique* côtoie parfois d'assez près de Maillet ou Robinet, mais pour des points de détails seulement, et sans que jamais ses opinions s'identifient réellement avec les leurs. Tout rapprochement réel était impossible entre lui et les deux écrivains auxquels on a cherché à le rattacher, car il partait de la génération spontanée et de l'épigénèse, tandis que toutes les théories de De Maillet et de Robinet reposent sur la préexistence des germes. On s'explique difficilement comment Cuvier lui-même a pu se méprendre sur ce point. Lamarck n'a pas davantage de rapports avec Buffon. Il ne prend en réalité à ce dernier que quelques expressions. À négliger les détails, le système de Lamarck est bien lié d'un bout à l'autre, et il faut reconnaître qu'il rend très suffisamment compte des faits connus il y a soixante ans. Il ne faudrait pas ajouter grand-chose pour comprendre dans cette formule les découvertes modernes ; mais il faudrait en même temps accepter les hypothèses de l'auteur, et nous les examinerons plus tard. Nous croyons dès à présent pouvoir dire que peu de personnes sans doute adopteront l'explication donnée par Lamarck de l'origine des tentacules chez les colimaçons. Cet exemple, très malheureusement choisi par l'auteur, quelques autres de même nature et qui prêtaient à la plaisanterie ont peut-être été cause du peu de retentissement réel qu'ont obtenu les théories de Lamarck. La contradiction, cet élément de succès parfois indispensable, leur fit d'ailleurs défaut, et elles sont restées peu connues en dehors du monde des naturalistes.

Etienne Geoffroy Saint-Hilaire est resté jusqu'à ces derniers temps, même pour beaucoup d'esprits cultivés, le représentant le plus élevé des doctrines qui reposent sur la transmutation de l'espèce ou qui admettent cette transmutation comme une conséquence des faits observés. Cette opinion populaire s'explique en grande partie par l'éclat de la discussion qui s'éleva vers 1830 entre lui et Cuvier, discussion qui émut et partagea toute l'Europe savante. On l'a souvent rapproché de Lamarck, et ces deux grands esprits ont été représentés comme s'étant laissé entraîner par les mêmes rêveries scientifiques. Rien n'est moins juste que ce rapprochement. Il n'existe à peu près aucun rapport entre leurs doctrines. Au point de vue théorique, Geoffroy était essentiellement l'élève de Buffon, et son fils a eu raison de faire ressortir cette filiation intellectuelle. Pour l'auteur de la *Philosophie anatomique*, l'action du milieu est la cause unique des changements éprouvés par les organismes ; à ses yeux, Lamarck s'est trompé en admettant que l'animal peut réagir sur lui-même par la volonté et les habitudes. Geoffroy ne fait aucune réserve à ce sujet, et paraît par conséquent regarder les organismes comme passifs au milieu même des transformations qu'ils subissent. Toutefois il développa la pensée de Buffon, Il donna au mot de *milieu* une signification beaucoup plus large ; il attribua en particulier une importance considérable à la composition chimique de l'atmosphère, une prépondérance marquée aux fonctions respiratoires. « Par l'intervention de la respiration, tout se règle, » dit-il. On reconnaît ici le résultat des progrès accomplis en géologie, en paléontologie, et peut-être l'influence des travaux de M. Adolphe Brongniart sur la flore du terrain houiller. Dans les applications de la théorie, Geoffroy ne fit guère que généraliser et reporter aux animaux supérieurs les considérations admises, par Lamarck. Au sujet des mollusques, fossiles. Encore, s'exprima-t-il d'ordinaire, avec une grande réserve. « C'est, dit-il, une question que j'ai posée, un doute que j'ai émis, et, que je reproduis au sujet de l'opinion régnante. » Toutefois il formula dans le même travail une proposition aussi explicite et aussi étendue que possible. « Les animaux vivant aujourd'hui proviennent par une suite de générations et sans interruption des animaux perdus du monde antédiluvien. » En particulier il fit descendre les grands sauriens, les crocodiles actuels, des crocodiles de l'ancien monde ; mais il n'alla pas au-delà. Jamais il ne prétendit faire remonter les espèces passées, ou présentes, à un prototype quelconque, et, cette opinion lui ayant été prêtée, il répondit par une protestation formelle. Geoffroy n'a pas cherché davantage à préciser l'origine première des êtres. Il s'est montré à cet égard bien plus prudent, plus sage que Lamarck.

Dans les développements de la doctrine générale, Geoffroy est aussi d'abord plus précis que son illustre prédécesseur. Il demande des enseignements à l'embryogénie, à l'histoire des métamorphoses, à la tératologie ou science des monstruosités. Prenant pour exemple la grenouille et l'expérience si curieuse faite par William Edwards, il cherche dans la nature et y trouve, facilement des espèces qui reproduisent les formes successives des batraciens les plus élevés. Le protée qui vit dans les lacs souterrains de la Garniole et conserve toute sa vie les branchies des têtards est à ses yeux une sorte de larve permanente, mais capable de se reproduire, et qui n'a qu'un pas à faire pour devenir semblable à nos lézards d'eau {*tritons*). En s'appuyant sur ces faits, Geoffroy déclare que c'est chez l'embryon en voie de formation qu'il faut aller chercher les passages d'une espèce à l'autre, et il blâme Lamarck d'avoir cru à la possibilité des modifications chez un animal adulte. Il s'éloigne encore de lui par sa manière de comprendre, au moins dans certains cas, la transformation des types. « Ce n'est évidemment point par un changement insensible que les types inférieurs d'animaux ovipares ont donné le degré supérieur d'organisation. » En supprimant ainsi la nécessité de formes intermédiaires, en admettant la possibilité d'une modification brusque des types, Geoffroy répondait d'avance à une des plus sérieuses objections que soulève la doctrine de la filiation lente des êtres, objection que Lamarck avait prévue, et dont il ne s'était nullement dissimulé la gravité.

Après avoir donné les formules générales qui doivent, selon lui, rendre compte de la transformation des animaux, Geoffroy comprend, lui aussi, qu'il faut en venir à un exemple spécial. Ici il n'est vraiment pas plus heureux que Lamarck. Il avait reproché à celui-ci ses colimaçons adultes modifiant les formes de leur tête par l'influence du désir, de la volonté, et faisant naître ainsi des tentacules qui grandissent de génération en génération ; lui, il suppose un reptile qui « dans l'âge des premiers développements éprouve une constriction vers le milieu du corps, de manière à laisser à part tous les vaisseaux sanguins dans le thorax, et le fond du sac pulmonaire dans l'abdomen. C'est là, ajoute-t-il, une circonstance propre à favoriser le développement de toute l'organisation d'un oiseau. » La portion postérieure du poumon se transforme en cellules abdominales ou sacs aériens. Agissant à la manière d'un soufflet, elle envoie dans la portion antérieure ou thoracique de l'air comprimé renfermant plus d'oxygène sous un moindre volume. De là résulte un surcroît d'énergie pendant la combustion respiratoire, et par suite l'élévation de la température, des modifications profondes dans le sang, l'accélération de la circulation, l'accroissement de l'énergie musculaire, enfin « le changement des houppes tégumentaires en plumes. » Voilà ce que Geoffroy, entraîné par ses convictions, appelle « soulever le voile qui nous cache comment la mutation de l'organisation est réellement possible, comment elle fut et doit avoir été autrefois praticable. » Quant à la succession des êtres, aux relations des espèces actuelles avec les espèces paléontologiques, les modifications de l'atmosphère, les progrès réalisés à la surface du globe soit par l'action des phénomènes naturels, soit par l'industrie de l'homme, lui en rendent aisément compte. « Ce n'est pas là, dit-il, qu'est la difficulté ; l'évidence de ces raisonnements satisfait notre raison.»

Ainsi Geoffroy Saint-Hilaire a restreint bien plus que Lamarck le champ de ses spéculations ; il s'est éloigné de lui sur plusieurs points fondamentaux, il a introduit dans cet ordre de recherches des considérations nouvelles empruntées aux progrès les plus récents de la science et à ses propres recherches. Considérées à distance et en bloc, ses idées n'ont rien qui répugne à l'esprit, et on comprend qu'elles aient séduit bien des intelligences comme elles l'avaient entraîné lui-même. Dès qu'il tente d'entrer dans les détails, il est néanmoins forcé de s'en tenir aux assertions les plus vagues ; dès qu'il veut citer un exemple, il n'est certainement pas plus heureux que son illustre prédécesseur. Pourtant, pas plus que lui, il ne saurait sans injustice et sans erreur être rattaché à de Maillet, à Robinet. Toute sa vie, Geoffroy fut le promoteur ardent des doctrines épigénistes, qu'il eut le mérite de défendre contre Cuvier. Il ne peut donc être placé que fort loin de quiconque se fonde sur la préexistence des germes.

Les théories de Lamarck, surtout celles d'Étienne Geoffroy Saint- Hilaire ont compté en France un certain nombre de disciples, parmi lesquels on place d'ordinaire son fils, Isidore Geoffroy. Je ne crois pas ce jugement bien fondé, quoique Darwin l'ait reproduit tout récemment encore. On sait comment Isidore Geoffroy a dans tous ses écrits adopté et défendu les opinions de son illustre père ; souvent il les a développées et en a fait ressortir les conséquences. Pour tout ce qui touche à l'origine des espèces, il s'est au contraire borné à résumer ce qu'Étienne Geoffroy avait exposé d'une manière parfois un peu confuse. Bien plus, par le choix des citations, par les réflexions qu'il ajoute, il semble avoir voulu en restreindre plutôt qu'en étendre le sens.

Quiconque aura lu attentivement l'ouvrage où il comptait résumer ses doctrines, et qu'il n'a pu achever, se rendra aisément compte de ce fait. Isidore Geoffroy est de tout point l'élève de Buffon ; il croit à la réalité de l'espèce, à la distinction de l'espèce et de la race. Rien dans son livre n'autorise à penser qu'il admît des transmutations analogues à celles dont Lamarck soutenait la réalité, à celles dont il s'agit aujourd'hui. Par cela même, il se trouvait entraîné loin de son père, et il semble que la conviction du savant se soit trouvée chez lui en lutte avec le sentiment profond de piété filiale que nous lui avons tous connu. On dirait qu'il a cherché à les concilier en faisant quelques réserves relatives aux époques des grands phénomènes géologiques ; mais de là aux doctrines que nous examinons, il y a bien loin. Isidore Geoffroy admettait la variabilité de l'espèce ; nulle part il ne parle de la mutabilité.

C'est donc bien à tort, ce me semble, que Darwin a placé son nom parmi ceux des naturalistes qui, de près ou de loin, se sont rattachés à cette idée.

Il en est tout autrement de Bory de Saint-Vincent. À diverses reprises, et surtout dans l'article *Création* du *Dictionnaire classique d'histoire naturelle*, dont il dirigeait la rédaction, celui-ci développa sur plus d'un point la doctrine de Lamarck, et en tira des conséquences qui lui appartiennent en propre. Bory admet la formation spontanée, journalière, d'espèces nouvelles, non, il est vrai, sur nos continents, depuis longtemps peuplés d'animaux et de plantes, mais tout au moins sur les terres considérées par lui comme de formation récente. Il cite comme exemple l'île Mascareigne (Bourbon), qu'il croit assez récemment sortie des mers sous l'influence des forces volcaniques, et qui renfermerait, d'après lui, « plus d'espèces polymorphes que toute la terre ferme de l'ancien monde. » Sur ce sol relativement tout moderne, les espèces ne sont pas encore fixées. La nature, en se hâtant de constituer les types, semble avoir négligé de régulariser les organes accessoires. Dans les continents plus anciennement formés au contraire, le développement des plantes a forcément suivi une marche identique depuis un nombre incalculable de générations. Les végétaux ont ainsi arrêté leurs formes, et ne présentent plus les écarts si fréquents dans les pays nouveaux. Sans être bien explicite, Bory semble faire intervenir ici une donnée nouvelle, l'influence exercée sur la fixation des caractères spécifiques par l'action des ascendants placés eux-mêmes dans des conditions d'existence constantes. Ce serait pour ainsi dire l'habitude exerçant son pouvoir non plus seulement sur les individus, mais sur l'espèce elle-même.

## 5

Un botaniste éminent, M. Naudin, est aussi à certains égards le disciple de Lamarck, dont il défend la conception générale sans se dissimuler ce qu'ont de fondé les critiques qu'il s'est attirées ; il est aussi un des précurseurs sérieux de Darwin. Selon M. Naudin, la communauté d'organisation dans les êtres qui composent un règne ne peut s'expliquer que par la communauté d'origine. Dans tout autre système, les ressemblances entre espèces, ajoute-t-il, ne sont que des coïncidences fortuites, des effets sans causes. Si au contraire on admet un ancêtre commun, «ces ressemblances sont à la fois la conséquence et la preuve d'une parenté non plus métaphysique, mais réelle... Envisagé à ce point de vue, le règne végétal se présenterait comme un arbre dont les racines, mystérieusement cachées dans les profondeurs des temps cosmogoniques, auraient donné naissance à un nombre limité de tiges successivement divisées et subdivisées. Ces premières tiges représenteraient les types primordiaux du règne ; les dernières ramifications seraient les espèces actuelles.» C'est, bien, on le voit, l'idée de. Lamarck, étendue et précisée.

M. Naudin toutefois se rapproche davantage de Buffon dans la façon dont il comprend les êtres vivants envisagés au point de vue qui nous occupe. Il trouve en eux une certaine plasticité, une aptitude à subir des modifications en rapport avec « la différence des milieux dans lesquels ils se trouvent placés. » Cette flexibilité des formes, a pour antagoniste la puissance de l'hérédité ; mais celle-ci à son tour a pour contre-poids une seconde force qui la règle et la domine au besoin. Cette force suprême est la *finalité*, « puissance mystérieuse, indéterminée, fatalité pour les uns, pour les autres volonté providentielle, dont l'action incessante sur les êtres vivants détermine à toutes les époques de l'existence d'un monde la forme, le volume et la durée de chacun d'eux en raison de sa destinée dans l'ordre de choses dont il fait partie. » Les espèces naturelles, telles que nous les voyons aujourd'hui, sont la résultante de ces deux forces. Elles sont d'autant plus fixes qu'elles ont derrière elles un plus grand nombre de générations, et qu'elles ont à remplir dans l'organisme général de la nature une fonction plus précise et plus spéciale. Les espèces, artificielles que nous appelons races et variétés sont soumises aux mêmes lois en tout ce qui en détermine la formation et la stabilité.

De là même on peut tirer la conséquence que les espèces naturelles et artificielles doivent être le résultat de causes immédiates semblables.

Telle est en effet la conclusion de M. Naudin, et là est certainement la conception la plus remarquable et la plus originale de son travail. « Nous ne croyons pas, dit-il, que la nature, ait procédé pour former ses espèces d'une autre manière que nous ne procédons nous-mêmes pour créer nos variétés. Disons mieux : c'est son procédé que nous avons transporté dans notre pratique. » Quand, pour satisfaire à un besoin ou à un caprice, nous voulons faire produire à une espèce existante un type secondaire quelconque, nous choisissons les individus qui rappellent même de loin la modification que nous voulons réaliser ; nous les marions entre eux, et parmi leurs enfants nous choisissons encore ceux qui se rapprochent le plus de l'espèce d'idéal que nous avons conçu. Ce choix, ce triage, cette *sélection* poursuivie pendant un nombre indéterminé de générations finit par donner d'une manière plus ou moins complète le résultat cherché. « Telle est, ajoute M. Naudin, la marche suivie par la nature. Comme nous, elle a voulu former des races pour les approprier à ses besoins, et avec un nombre relativement petit de types primordiaux elle a fait naître successivement et à des époques diverses toutes les espèces végétales et animales qui peuplent le globe. »

Ainsi M. Naudin met en regard et assimile entièrement la sélection opérée par l'homme, la sélection artificielle, et la sélection opérée par la nature, la sélection naturelle. Il admet de plus que dans la voie des transformations la nature a dû aller bien plus loin que nous, d'abord à cause de sa puissance illimitée et du temps immense dont elle a disposé, puis à raison des conditions mêmes dans lesquelles elle agissait au début. Elle a pris les types primitifs à l'état naissant, alors que l'être encore jeune possédait toute sa plasticité, et que les formes n'étaient que faiblement enchaînées par la force de l'hérédité. Nous avons au contraire « à lutter contre cette force enracinée et accrue d'âge en âge dans les espèces vivantes par toutes les générations qui nous séparent de leur origine. » Nous la dominons toutefois dans certaines limites, grâce à des moyens tombés aujourd'hui dans la pratique journalière. Quels sont ceux que la nature a mis en œuvre ? Ici une indication générale et vague ne suffit pas. Faut-il admettre une nature intelligente, agissant en vue d'un but déterminé et mettant en œuvre une sélection raisonnée comme le font nos éleveurs ? Ou bien la sélection naturelle n'est-elle pas plutôt le résultat nécessaire de faits antérieurs ? M. Naudin ne nous dit rien à ce sujet. Pour obtenir une réponse, il nous faut adresser ces questions au naturaliste éminent, au penseur remarquable, dont le nom résume aujourd'hui pour l'univers entier tout l'ordre d'idées dont j'ai essayé d'indiquer le développement progressif.